どうぶつの足がた

これはどうぶつの　足がたです。
（赤ちゃんではなく、おとなの足がたです。）
自分の　手や足と　くらべてみましょう。
指や形は　どうなっていますか？
わたしたち人間と　にた形はありますか？

カンガルー
（クロカンガルー）
左前足

前足は　もみじのような形をしています。

シマウマ
（サバンナシマウマ）
右前足

地面につく　ぶぶんは、
かたいひづめに　おおわれています。

監修のことば

増井光子（ますい みつこ）

　自然の中には130万種以上も生物がいて、それぞれが子孫を残そうと努力しています。赤ちゃんの状態は動物の種類によっていろいろです。このシリーズでは卵で生まれるペンギンや、水中にくらすイルカ、驚くほど小さくて袋の中で半年もくらすカンガルー、やはり小さな子どもを産むパンダやライオン、長い間お母さんの世話を受けるゴリラ、すぐに親について歩けるシマウマの赤ちゃんを取り上げました。

　厳しい自然の中で親たちは、なんとか赤ちゃんを育てあげようと、危険を避け、獲物狩りにはげみ、遠い道のりをものともせずにエサを運んできます。それこそ体力をふりしぼって子育てにあたるので、子どもが大きくなるころには、すっかりやせて色つやの悪くなってしまう親も少なくありません。

　一方、育ててもらう赤ちゃんのほうも、生き残っていくのは大変です。自然の中には赤ちゃんをねらっているものも少なくないので、仲間のすることをよく見て、何を食べ、何が危険なのか、どのように敵から逃れるのか、などの生きる術を身に付けなければなりません。動物のお母さんは、長い距離を歩いたり、障害物を乗り越えたり、時に赤ちゃんに対して厳しい態度をとることがあります。もっと赤ちゃんに合わせてゆっくり歩いてやったり、手助けしてやればと思ってしまうこともありますが、実はその厳しいと思えることこそが、丈夫な体をつくり、素早い動作がおこなえる基礎となるものなのです。

1937(昭和12)年、大阪生まれ。麻布獣医科大学獣医学部獣医科卒業。獣医学博士。1959年より東京都恩賜上野動物園に勤務し、1985年には日本で初めてのパンダの人工繁殖に成功。1986年にはその育成にも成功する。1990年多摩動物公園園長、1992年上野動物園園長に就任、1996年退職、同年麻布大学獣医学部教授に就任。1999年より、よこはま動物園ズーラシア園長に就任。そのほか、兵庫県立コウノトリの郷公園園長（非常勤）を務めた。2010(平成22)年没。
主な著書に「動物の親は子をどう育てるか」（学研）、「動物が好きだから」（どうぶつ社）、「60歳で夢を見つけた」（紀伊國屋書店）。監修に「NHK生きもの地球紀行（全8巻）」（ポプラ社）「動物たちのいのちの物語」（小学館）、「動物の寿命」（素朴社）などがある。

ちがいがわかる 写真絵本シリーズ

どうぶつの赤ちゃん

増井光子＝監修

ゴリラ

金の星社

アフリカにある ふかい森。
大木は、ツタにおおわれ、地面には たくさんのしゅるいの 草が生え、
一年中、青あおとしています。

その森のおくで、ゴリラたちは、ひっそりとくらしています。

ゴリラのおかあさんは、

なかまに見まもられながら、赤ちゃんをうみます。

おかあさんは、赤ちゃんを いちどに
1頭だけうみ、だいじにそだてます。
ゴリラのおかあさんは、
体重が 100キログラムもあるのに、
ゴリラの赤ちゃんは、
人間の赤ちゃんより小さく、
2キログラムくらいしかありません。
生まれたばかりで、
まだ 体もぬれているのに、
ひっしに おかあさんのむねに
しがみつきます。

生まれてしばらくの間、
おかあさんは、昼も　夜も　一日中、
赤ちゃんをだっこしています。
ちょっとでもはなれると、
赤ちゃんは「ギャー、ギャー」と、
声をあげて、おかあさんをよびます。
おちちも、1時間に2回くらい
あたえなくてはいけないので、
おかあさんはたいへんです。

2か月くらいたち、手に力がついてくると、おかあさんの　おなかやうでに、
自分で　つかまることが　できるようになります。
もっと力がつくと、おかあさんの　かたやせなかに、
ぴょんと　とびのったりします。
せなかの上は、赤ちゃんにとって
いごこちがよく、ながめもいい　とくとうせきです。

ゴリラたちは、昼ねをするときと 夜ねむるとき、
地面に 木のえだや 草をあつめて、かんたんな ベッドをつくります。

その日だけの、自分用のベッドです。

子どもは、3さいくらいまで、おかあさんのベッドで いっしょにねむります。

木のぼりは、赤ちゃんが 大すきなあそびです。
はじめは、のぼれるだけのぼって おりられなくなり、
ないてしまう 赤ちゃんもいます。
でも、毎日 あそんでいるうちに 手や足が強くなり、
どんどん じょうずになります。
立って ぐるぐる回ったり、後ろむきに ひっくりかえったり、
いろいろな あそびを考えます。

ゴリラのむれは、ぜんぶで10頭くらいです。
おとうさんは　一番大きくて、
ぎん色のせなかをしています。
おとうさんを中心に、なん頭かのメスと
子どもたちが　あつまっています。
家族は、いつも　いっしょです。

家族を　きけんからまもる
強いおとうさんは、
子どもたちの人気ものです。
みんな、おとうさんの
そばにきて　毛づくろいをしたり、
大きなせなかを
すべり台がわりにして、
あそんだりします。
おとうさんも、よく
子どもたちの　あそびあいてに
なってやります。
子どもたちを見まもりながら、
ときどき「グッグッ、フーム」と、
やさしい声を出します。

きけんがせまったり、こうふんしたりすると、
おとうさんは、たくましいむねを　たたいて
みんなに知らせます。
むねたたきの音は、ポコポコと、遠くまでひびきます。
子どもが　まねをして　むねを　たたくと、
ペチペチと、小さな音がします。
かっこうのいい、かんぺきな　むねたたきは、
おとなのオスだけが　できるのです。

大きくて　力も強いゴリラですが、
ほかのどうぶつを
おそって食べることは
ありません。
しょくぶつの　くきや葉っぱ、
木のかわなどを、
たくさん食べるのです。
にがい草や　とげのある草も、
平気です。
木にのぼって、実やくだものを
食べることもあります。

子どもは、おかあさんの食べるようすをみて、
なにを、どうやって食べたらいいかを おぼえます。
タケノコ、くだもの、木の実など、きせつによって
食べものや 食べものがとれる場所が、かわります。
食べかたも それぞれ ちがいます。

森に生えている セロリは、バナナのように
外がわの かたいかわを むいて食べます。
サクサクと、とても おいしそうな音がします。

子どもは、くきをたてにさいて、食べやすく くふうします。
ゴリラは、人間のように
じょうずに 手をつかうことが できるのです。

3さいぐらいになると、おちちをのむのは　もうおしまいです。

おかあさんの　そばをはなれ、一日中、

子どもどうしで　あそぶようになります。

レスリングをして　力くらべをしたり、

木のえだを　ゆすって　あそびます。

「グコ、グコ」と、みんなの　楽しそうな声が、森の中にひびきます。

あそんでいるうちに、
本気(ほんき)のけんかに なってしまうこともあります。

すると、おとうさんが のっしのっしとやってきて、
間(あいだ)に入(はい)り、じっと 目(め)を見(み)つめて けんかを止(と)めます。

えこひいきは しません。

こうして、子(こ)どもたちは、やっていいことと
わるいことを おぼえていくのです。

家族は、おとうさんの きめたとおりに、森の中を いどうします。

おとうさんは、森のことなら なんでも知っているのです。

子どもたちも、おとうさんの後に ついていけば安心です。

しかし、オスは13さい、メスは6さいごろになると、
家族とわかれて、むれを　出ていかなくてはなりません。
それぞれ　新しい家族をつくるのです。

解説　心穏やかな森の住人──ゴリラ

　ゴリラにはニシローランドゴリラ、ヒガシローランドゴリラ、マウンテンゴリラなどがいますが、この本ではマウンテンゴリラを紹介しています。マウンテンゴリラは、アフリカのザイール、ウガンダ、ルワンダにまたがるヴィルンガ火山帯の山地林に生息しています。

　ゴリラはチンパンジーなどとともに人間にもっとも近い動物です。霊長類（サルの仲間）の中では一番体が大きく、大きなオスでは体重250kg、両腕を広げた長さが220cmをこえるほどになります。その外見のせいもあって、荒々しいどう猛な生き物というイメージをもたれがちですが、実際は木や草などの植物を食べ、森の中でひっそりとくらす穏やかな動物です。

　オスが興奮したときにするドラミング（胸叩き）も、恐ろしい雰囲気がありますが、派手なドラミングの動作には、むしろ戦いを避ける効果があります。実際に戦う前に、大きく吠えながらドラミングすることにより、お互いの強さをある程度示して、勝ち負けを決めるのです。そのため、実際の戦いがおこることはほとんどなく、無駄な戦いを避けることができます。

　ふつうオス1頭（おとなのオスは背中が銀白色になるため「シルバーバック」とよばれます）と、メス数頭、その子どもたちで群れをつくります。なわばりはもたず、森の中で植物を食べながら移動してくらしています。子育ては基本的に母親がおこないますが、シルバーバックも子どもの面倒をよく見ます。母親を亡くした子どもがいると、母親の代わりに世話をしたり、一緒に眠ってやったりします。シルバーバックはどの子どもに対しても平等で、ある子どもがほかの子どもをいじめたりすると、軽く叩いて注意したりもします。

　子どもははじめはお乳だけで育ち、1歳くらいから植物を食べるようになり、3歳くらいまでに乳離れをします。オスは13歳を過ぎると群れを出て、数年間、ひとり、またはオスだけのグループで森を放浪します。やがて相手となるメスを得られると、自分の群れをつくります。一方メスは6、7歳を過ぎると繁殖が可能になるので、ほかの群れに入って子どもを産みます。まれに、独り者のオスのところへ行くこともあります。

　現在、マウンテンゴリラの個体数は300頭前後しかおらず、レッドリスト（国際自然保護連合が作成した絶滅のおそれのある野生生物のリスト）では、絶滅危惧種に指定されています。

ちがいがわかる 写真絵本シリーズ

どうぶつの赤ちゃん

シリーズ全7巻

増井光子＝監修　小学校低学年〜中学年向き

動物の赤ちゃんの成長と、きびしい自然の中で生きる親子の絆を美しい写真で紹介。わかりやすい文章で、いろいろな動物の成長過程が学べ、シリーズを通して育ち方のちがいをくらべることができます。
貴重な動物の足がた（実物大）も掲載。

ライオン
動物の王様といわれているライオンの、か弱い子ども時代から、たくましく育っていくまでの過程を知り、肉食動物の成長についても学習します。

シマウマ
シマウマの子どもが、生後おどろくほど短い時間で立ち上がったり、走りまわれるようになるなど、草食動物にそなわった優れた能力について学習します。

パンダ
単独で生活する中で、パンダの母親と子どもが密接に結びついていることや、タケを食べるために適応した特殊な体のしくみについて学習します。

ゴリラ
森の住人ゴリラの森と調和した穏やかなくらしや、群れにおけるルールを知り、サルの中でも人間に近いゴリラの成長の様子を学習します。

カンガルー
母親のおなかにある袋で育つカンガルーの誕生直後の未熟な様子や、ふしぎな成長の過程を知り、袋で子育てをする有袋類の特殊な生態について学習します。

イルカ
海でくらすほ乳類としてタイセイヨウマダライルカを取り上げ、イルカのもつ優れた能力や、環境に適応する動物の力について学習します。

ペンギン
卵から生まれ育つ鳥類としてコウテイペンギンを取り上げ、きびしい環境で母親と父親が協力しておこなう子育ての様子や、ひなの成長について学習します。

【編集スタッフ】
編集／ネイチャー・プロ編集室
（富田園子・三谷英生・月本由紀子）
写真／ネイチャー・プロダクション
（山極寿一／黒鳥英俊／吉野信／立松光好／Karl Amman）
文／菊地悦子
図版協力／多摩動物公園・恩賜上野動物園・浜松市動物園・釧路市動物園・長崎ペンギン水族館
協力／よこはま動物園ズーラシア
装丁・デザイン／丹羽朋子

ちがいがわかる 写真絵本シリーズ どうぶつの赤ちゃん
ゴリラ

初版発行　2004年3月　　第15刷発行　2017年4月
監修───増井光子
発行所───株式会社　金の星社
　　　　　〒111-0056　東京都台東区小島1-4-3
　　　　　TEL 03-3861-1861（代表）　FAX 03-3861-1507
　　　　　振替 00100-0-64678
　　　　　ホームページ　http://www.kinnohoshi.co.jp
印刷───株式会社　廣済堂
製本───株式会社　福島製本印刷

NDC489　32ページ　26.6cm　ISBN978-4-323-04104-9

■乱丁落丁本は、ご面倒ですが小社販売部宛ご送付下さい。送料小社負担にてお取替えいたします。
© Nature Editors, 2004　Published by KIN-NO-HOSHI SHA, Tokyo, Japan.

ライオン
右前足(みぎまえあし)

やわらかい 肉(にく)のふくらみ（肉球(にくきゅう)）が あるため、音(おと)をたてずに えものに 近(ちか)づくことが できます。

ペンギン
（コウテイペンギン）
右足(みぎあし)

およぐときに むきをかえる やくわりもあります。